又好看又好玩的

大师数学课

解锁谜题

〔苏〕别莱利曼 / 著

申哲宇 / 译

北京联合出版公司
Beijing United Publishing Co.,Ltd.

图书在版编目（CIP）数据

解锁谜题 /（苏）别莱利曼著；申哲宇译. — 北京：北京联合出版公司，2024.7

（又好看又好玩的大师数学课）

ISBN 978-7-5596-7656-6

Ⅰ. ①解… Ⅱ. ①别… ②申… Ⅲ. ①数学—青少年读物 Ⅳ. ①O1-49

中国国家版本馆CIP数据核字（2024）第105281号

又好看又好玩的 大师数学课 解锁谜题

YOU HAOKAN YOU HAOWAN DE DASHI SHUXUEKE　　JIESUO MITI

作　　者：[苏]别莱利曼

译　　者：申哲宇

出 品 人：赵红仕

责任编辑：高霁月

封面设计：赵天飞

北京联合出版公司出版

（北京市西城区德外大街83号楼9层　　100088）

河北佳创奇点彩色印刷有限公司印刷　　新华书店经销

字数300千字　　875毫米×1255毫米　　1/32　　15印张

2024年7月第1版　　2024年7月第1次印刷

ISBN 978-7-5596-7656-6

定价：98.00元（全5册）

CONTENTS
目 录

001 9个0

9个0如图1排列：

请用4条直线将这些0全部画掉。

提示：用笔画掉9个0时，笔尖不要离开纸面。

【解】答案见图2。

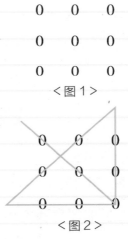

0   0   0

0   0   0

0   0   0

<图1>

<图2>

002 移数字

如图3所示，方框中摆放着8个数字。请利用空着的方格移动数字，直到8个数字按从上到下、从左到右、从小到大的顺序排列。当然，如果不对移动次数进行限制，大家迟早能完成这道题。所以，完成这道题的前提是：移动最少次数。请你算一算，最少移动次数是多少？

<图3>

【解】最少移动次数是23。数字移动顺序如下：

$1 \rightarrow 2 \rightarrow 6 \rightarrow 5 \rightarrow 3 \rightarrow 1 \rightarrow 2 \rightarrow 6 \rightarrow 5 \rightarrow$
$3 \rightarrow 1 \rightarrow 2 \rightarrow 4 \rightarrow 8 \rightarrow 7 \rightarrow 1 \rightarrow 2 \rightarrow 4 \rightarrow$
$8 \rightarrow 7 \rightarrow 4 \rightarrow 5 \rightarrow 6$。

003 搬家具

　　如图4如示，这是一栋民居的平面图。由于房间都很狭小，除了2号房间，其他房间都只摆了一件家具。民居主人想把琴房和书房的位置对调，怎么搬钢琴和书架就成了难题：每个房间都很小，两件家具不能同时放在一个房间。如何利用2号空房间，将家具从一个房间搬到另一个房间，以解决民居主人的难题呢？本题与上题有一个同样

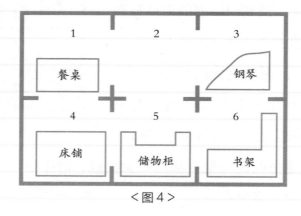

〈图4〉

的前提：搬运最少次数。若想达到民居主人的要求，最少搬运多少次？

【解】最少搬运次数是 17。家具搬运顺序如下：

钢琴——→书架——→储物柜——→钢琴——→餐桌——→床铺——→钢琴——→储物柜——→书架——→餐桌——→储物柜——→钢琴——→床铺——→储物柜——→餐桌——→书架——→钢琴。

004 马虎的侍卫队长

一名侍卫队长带着侍卫们在野外安营扎寨。如图 5 所示，侍卫队长的帐篷被 8 队侍卫的帐篷环绕，每队侍卫有一顶帐篷。最初，每顶帐篷里有 3 个侍卫。

没过多久，侍卫们就开始离开帐篷，跑去朋友家做客。侍卫队长巡查时，只要看到每排 3 顶帐篷里有 9 个侍卫，他就会认为全部侍卫都在。

侍卫们发现这一点以后，想出了瞒过队长的把戏。某天晚上，4 个侍卫离开了帐篷，侍卫队长没有发现；第二天晚上，6 个侍卫离开了帐篷，侍卫队长也没发现。后来，侍卫们开始请朋友来帐篷里做客：第一次请了 4 个朋友，第二次请了 8 个朋友，第三次请了 12 个朋友。侍卫们每

次都能瞒过队长，因为他每次都能在 3 顶帐篷中看到 9 个侍卫。那么，侍卫们到底是怎么做到的？

<图5>

【解】通过如下推理即可找到答案。如图 6-1 所示，这是最初的人员分布状况。

当有 4 个侍卫离开帐篷时，为了不让侍卫队长发现，那么 I 排和 III 排必须各有 9 个侍卫。而此时侍卫总数从 24 减至 20，II 排的人数就是 20 − 18 = 2，即 1 个侍卫在 II 排左侧的帐篷里，还有 1 个侍卫在 II 排右侧的帐篷里。这样一来，V 列最上面的帐篷里仅有 1 个侍卫，最下面的帐篷里也仅有 1 个侍卫。目前，位于四角的 4 顶帐篷，每顶帐篷里各有 4 个侍卫。如此，就得出了少 4 个侍卫的人员分布状况（如图 6-2 所示）。

接下来的推理过程同上。

如图 6-3 所示，可得出少 6 个侍卫的人员分布状况。

如图 6-4 所示，可得出加入 4 个朋友的人员分布状况。

如图 6-5 所示，可得出加入 8 个朋友的人员分布状况。

如图 6-6 所示，可得出加入 12 个朋友的人员分布状况。

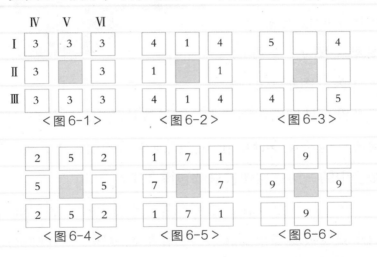

	IV	V	VI
I	3	3	3
II	3		3
III	3	3	3

＜图 6-1＞

4	1	4
1		1
4	1	4

＜图 6-2＞

5		4
4		5

＜图 6-3＞

2	5	2
5		5
2	5	2

＜图 6-4＞

1	7	1
7		7
1	7	1

＜图 6-5＞

		9
9		9
		9

＜图 6-6＞

相信大家能从上图看出，离开帐篷的侍卫最多为 6 个，而加入的朋友最多不能超过 12 个。

005 城堡的设计图

在很久以前，有一位国王准备建 10 座城堡。他希望

用城墙把城堡连起来，城墙必须是 5 条直线，每条直线上必须有 4 座城堡。

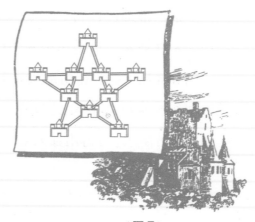

<图7>

建筑设计师很快按国王的要求画好了图纸（图 7）。可国王认为，图纸上的城堡都没有被城墙包围起来，容易被外敌入侵，使自己陷入险境。他希望设计师在满足此前要求的前提下，使 10 座城堡中的一两座城堡被城墙包围起来。

每道城墙都连接了 4 座城堡，在此基础上想保证有一两座城堡被城墙包围起来，实在很难做到。设计师冥思苦想，终于画出了令国王满意的设计图。

如果你是设计师，那么你会怎么设计呢？

【解】如图 8-1 所示，这是一张符合国王要求的设计图，并且有两座城堡被城墙包围。而图 8-2，是其他几种设计方案，也都符合国王的要求，但只有一座城堡被城墙包围。

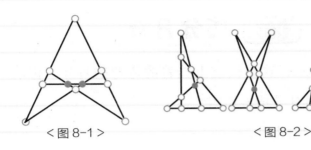

<图8-1>　　　　　　　　　　　<图8-2>

006 猫捉老鼠

　　如图9所示，一只猫被13只老鼠包围了。这些老鼠中仅有一只黑老鼠。猫打算先捉住一只老鼠并吃掉，接下来的每一次，猫会把上一次捉到的老鼠的下一只老鼠作为第1只，然后按顺时针方向数，捕捉数到

<图9>

第13只的老鼠。若要保证最后捉到那只黑老鼠，猫应该先捕捉哪只老鼠？

　　【解】猫应先捉它盯着的那只老鼠，即从黑老鼠（第1只）开始算，按顺时针方向数的第6只老鼠。

007 巧分月牙

如图 10 所示，这是夜空上挂着的弯弯的月牙。你能用两条直线把月牙分成 6 份吗？

【解】答案见图 11。

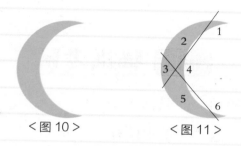

<图 10>   <图 11>

008 切拼逗号

图 12-1 是一个大大的逗号。想画这样一个逗号很简单，如图 12-2 所示：先以 C 为原点、AB 为直径，向右画

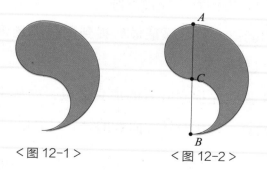

<图 12-1>   <图 12-2>

1 个半圆弧；再以 *BC* 为直径，向右画 1 个半圆弧；最后以 *AC* 为直径，向左画一个半圆弧即可。

接下来，请你思考两个问题：

（1）如何才能将这个大逗号切成一模一样的两份呢？

（2）两个逗号能拼成一个圆，要怎么把它们拼起来呢？

【解】问题（1）的答案见图 13-1，用一条曲线即可将大逗号切成一模一样的两份。

<图 13-1 >

问题（2）的答案见图 13-2，如果将其中一个逗号变成白色，那么拼成的圆形则酷似太极图案。

<图 13-2 >

009 裁缝剪方布

一个新手裁缝想剪一块方形布。他裁剪完毕，把布沿一条对角线对折了一下，结果两部分刚好重合。他认为自己剪成了一块正方形的布。这个方法对吗？

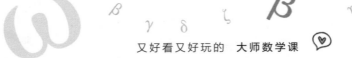

【解】这个新手裁缝的方法不准确。这个方法仅能剪出两部分对折后一定重合的图形，但这个图形未必是正方形。如图 14 所示，这些图形都是按这个方法剪出来的，它们沿对角线对折后刚好重合，却都不是正方形。

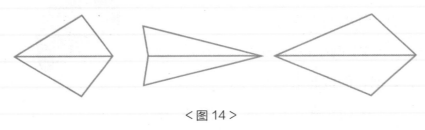

<图 14 >

⑩⑩ 另一个裁缝剪方布

另一个新手裁缝发现了前一个裁缝方法的漏洞，于是改进了这一方法。他把布先沿一条对角线对折，然后再沿一条对角线对折。两次对折后图形都能重合，他就认定剪出来的布是正方形。这个方法是对的吗？

【解】这个新手裁缝的方法也不准确。因为并不是只有正方形可以做到两次沿对角线对折后都能完全重合，菱形也可以，见图 15。

这个新手裁缝的方法也需要进一步完善：对折两次后，或量一下对角线，2 条对角线一样长；或量一下 4 个角，4

个角都是直角。这样，剪出来的才是正方形的布。

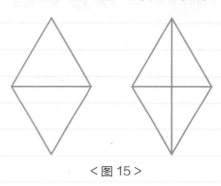

<图 15>

011 划分田地

请看图 16，这是一块田地，田地主人想把它平均分给自己的 4 个孩子。那么，怎样才能将这块田地划分成四等份呢？

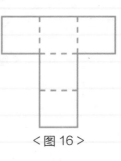

<图 16>

【解】划分方式如图 17 虚线所示。

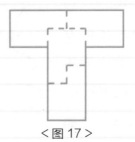

<图 17>

012 剪拼正方形

图 18 是一个十字形纸板，请把它用剪刀剪成四部分，但只能剪 2 次，再用这四部分拼出一个完好的正方形。

<图 18>

【解】纸板剪法如图 19-1 虚线所示。纸板拼法如图 19-2 所示。

<图 19-1>

<图 19-2>

013 三座岛

如图 20 所示，在一片湖泊中矗立着三座岛，它们分别用Ⅰ、Ⅱ、Ⅲ标示。湖边有三座村庄，它们分别用a、b、c 标示。一个渔夫划着一条船

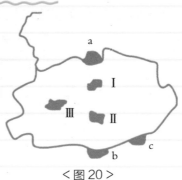

<图 20>

从a村来到Ⅰ岛和Ⅱ岛，接着向b村划去。在相同的时间里，另一个渔夫划着船从c村去往Ⅲ岛。

这两条船如何行进，路线才不会交叉呢？

【解】两条船的行进路线如图21所示。

<图21>

014 巧匠做桌面

有一个商人得到了两块带孔的椭圆形木板，见图22。他想把木板做成一块圆形桌面。由于木板价格昂贵，他希望制作者物尽其用，不要剩下木块。他找来好多木匠，可这些人都被难住了。

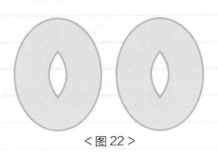

<图22>

终于有一天，一名远道而来的巧匠想出了办法，做出了一块圆形桌面。你知道他是怎么做的吗？

【解】这名巧匠先将商人的两块木板分别切割成四部分，见图 23-1；再把 4 块小木板拼在一起，变成一个小圆形，最后把 4 块大木板拼在小圆形外面，一个圆形桌面就做好了，见图 23-2。

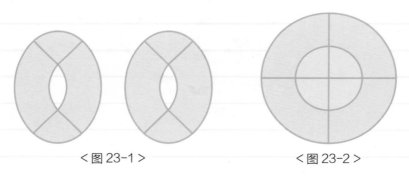

<图 23-1>　　　　　　　　　　<图 23-2>

015 6枚硬币

假如妈妈给你 6 枚同样的硬币，让你把它们排成 3 排，每排各 3 枚硬币。你知道该怎样排列吗？

【解】答案有两种，见图 24-1、24-2。

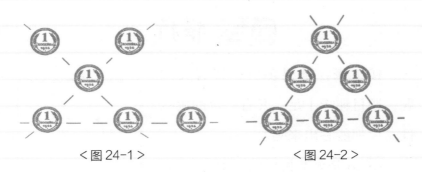

<图 24-1>　　　　　　<图 24-2>

016　9枚硬币

妈妈又给你3枚同样的硬币，要你把9枚硬币排成3枚一排，共10排。你又该怎样排列呢?

【解】答案见图25。

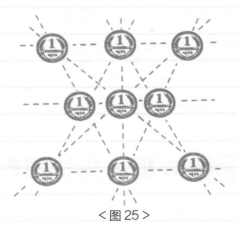

<图25>

017 搭桥

接下来，是很多与火柴有关的题，题目趣味十足，又有一定的挑战性。你都能答出来吗？

图 26 是火柴拼成的两个正方形。假设里面的正方形是一座孤岛，外面的正方形是河岸，孤岛以外、河岸以

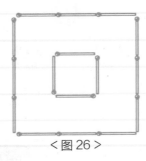

<图 26>

内是又深又湍急的河水。你现在站在河岸上，有急事要去岛上，需要搭一座桥。你能用两根木头（火柴）搭起一座桥吗？

【解】答案见图 27。先将一根火柴斜放在外面正方形一角，把它作为横梁；再将另一根火柴搭在横梁及里面正方形一角上即可。

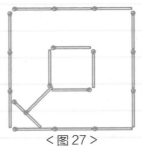

<图 27>

018 6根火柴拼图形

用 6 根火柴拼成 4 个等边三角形。要求：不能折断火柴。

提示：请考虑立体图形。

【**解**】拼法如图 28 所示。

<图 28 > 正四面体

019 8 根火柴拼图形

我们用 8 根火柴拼成许多图形，见下图，这些图形周长一样，但面积不一样。

问：以下 5 个图形中哪个图形面积最大？

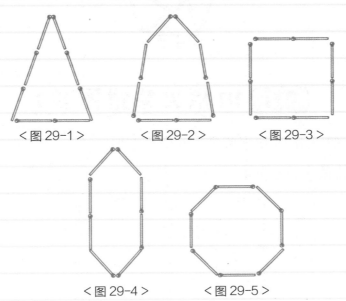

| <图 29-1 > | <图 29-2 > | <图 29-3 > |

| <图 29-4 > | <图 29-5 > |

【解】如果几个图形周长相等，那么圆形面积最大。以上 5 个图形中没有圆形，最接近圆形的图形（图 29-5）就是其中面积最大的图形。

020 10 根火柴拼图形

用 10 根火柴拼成 2 个等边五边形及 5 个等腰三角形。

【解】拼法如图 30 所示。

< 图 30 >

021 18 根火柴拼图形 1

如何用 18 根火柴拼出 6 个正方形？

【解】拼法如图 31 所示。

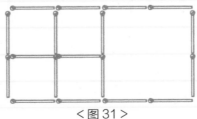

< 图 31 >

022 18根火柴拼图形2

如何用18根火柴拼成6个四边形及一个三角形？

【解】拼法如图32所示。（答案不唯一）

<图32>

023 取走1根火柴

图33是由10根火柴拼成的3个正方形，取走1根火柴，再用余下的火柴拼出3个一样的四边形。

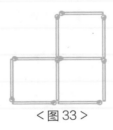

<图33>

【解】拼法如图34所示。

<图34>

024 取走6根火柴

将图35中的火柴取走6根，使余下火柴形成3个正方形。

<图 35>

【**解**】答案见图36。

<图 36>

025 取走10根火柴

将图37中的火柴取走10根，使余下火柴组成4个一样大小的正方形。

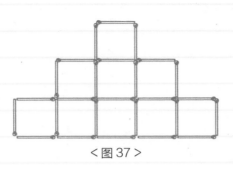

<图 37 >

【解】本题有多种解法。其中一种解法见图 38。

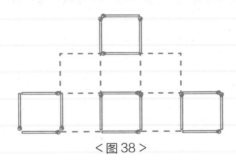

<图 38 >

026 移动5根火柴

移动图 39 中的 5 根火柴，使这个图形变成 2 个正方形。

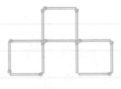

<图 39 >

【解】答案见图 40。

<图 40 >

027 移动6根火柴

见图 41，移动其中 6 根火柴，使其组成 6 个同样的四边形。

<图 41 >

【解】答案见图 42。

<图 42 >

028 巨大的火柴盒

曾经，一些地方的商店为了招徕顾客，会在门口摆放巨大的火柴盒，以达到广告效果。这种火柴盒里放着同样大的火柴棒。

假设大火柴盒的长度、宽度和高度都为普通火柴盒的 10 倍，而一根普通火柴棒的质量为 $\frac{1}{10}$ 克，那么一根大火柴棒的质量是多少？另外，一个大火柴盒里能放多少根普通火柴棒？

有人是这样计算的：$\frac{1}{10} \times 10 = 1$（克）。这个回答显然不可靠。因为这种大火柴棒虽然直径只有 2 厘米，但长度可有 0.5 米呢。

"大火柴盒里只能装下 10 个普通火柴盒里的火柴棒。"还有人这样回答。只要回想一下商店门口，那从远处就能望见的大火柴盒，再联想到把 10 个普通的火柴盒排在一起却并不大的情景，就会知道这个答案明显不对。

【解】大火柴棒的长度、直径都是普通火柴的 10 倍，由此可以算出它的体积应是普通火柴的 $10 \times 10 \times 10 = 1000$（倍）。它的质量也可以由此计算出来：

$$\frac{1}{10}（克）\times 1000 = 100（克）$$

大火柴盒的体积是普通火柴的 1000 倍，一般来说，一盒普通火柴约有 50 根，也就是说，大火柴盒可以装下普通火柴棒约 50000 根。

029 5 截锁链

一个顾客匆匆忙忙来到铁匠铺，说他急需一条长锁链，但铁匠手上只有 5 截很短的锁链，每截锁链由 3 个铁环组成，见图 43。铁匠打算把 5 截锁链接上，再加工一下，使它们变成一条长锁链。但是，他需要打开几个铁环把短锁链接起来。

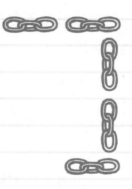

<图 43>

可这样一来，他要打开 4 个铁环才能进一步加工。怎样才能减少打开铁环的数量，尽快完成工作呢？

【解】铁匠只要将其中一截锁链上的 3 个铁环全部打开，再用打开的 3 个铁环将其余 4 截锁链的首尾相连即可。

030 40 辆车

一家修车厂在一个月内修好了 40 辆车，其中有汽车也有摩托车，已知修好的车的轮胎数共计 100 个。问：这 40 辆车中有多少辆汽车及多少辆摩托车？

【解】可以假设修车厂修好的全部是摩托车，每辆摩托车有 2 个轮胎，40 辆摩托车就有 $40 \times 2 = 80$（个）轮胎，比实际少 $100 - 80 = 20$（个），这是因为一辆摩托车比一辆汽车少 $4 - 2 = 2$（个）轮胎。据此可以求出汽车的数量为 $20 \div 2 = 10$（辆），那么摩托车的数量就是 $40 - 10 = 30$（辆）。

031 8 只虫子

有一个瓶子装了 8 只虫子，有蜘蛛还有甲虫。它们一共有 54 只脚。问：瓶子里有几只蜘蛛和几只甲虫？

【解】这是一道与上题类似的题。这次，我们要讨论这道题的两种解法。

第一种解法：首先，我们要知道每只甲虫有 6 只脚，每只蜘蛛有 8 只脚。然后，我们可以先假设瓶子里的 8 只

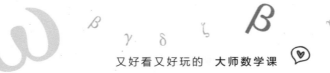

虫子全部是甲虫，则一共有 $8 \times 6 = 48$（只）脚，比实际情况少 $54 - 48 = 6$（只）脚。这是因为一只甲虫比一只蜘蛛少 $8 - 6 = 2$（只）脚。据此可以求出蜘蛛的数量为 $6 \div 2 = 3$（只），那么甲虫就有 $8 - 3 = 5$（只）。

第二种解法：与第一种想法相反，我们可以先假设瓶子里的 8 只虫子都是蜘蛛，$8 \times 8 = 64$（只）脚，一共 64 只脚，比实际多 $64 - 54 = 10$（只）脚。这是因为一只蜘蛛比一只甲虫多 $8 - 6 = 2$（只）脚。据此可以求出甲虫的数量为 $10 \div 2 = 5$（只），那么蜘蛛就有 $8 - 5 = 3$（只）。

032 两名工人

两名工人接到一项生产任务，第一名工人开始工作 2 天后，第二名工人才开始工作。然后，两人共同干了 5 天完成这项任务。假如他们两个单独完成任务，第一名工人要比第二名工人多花 4 天。问：假如两名工人单独完成任务，分别需要几天？

提示：用纯算数即可解题，不需要用分数。

【解】两名工人单独完成任务所花天数相差 4 天，因此假如分别单独完成一半生产任务，第一名工人则比第二名工人多花 2 天。两名工人在完成工作时，第二名工人刚好迟了 2 天。也就是说，在 7 天中，第一名工人从头干到尾恰好完成一半任务，第二名工人则只干了 5 天完成另一半任务。由此可知，第一名工人单独完成这项任务需要 14 天，第二名工人则需要 10 天。

033 每种文具各买多少

有一个人买了 8 个文具，共花费 15 元钱。其中铅笔 1 元一支，尺子 2 元一把，笔记本 5 元一本。问：每种文具各买了多少？

【解】答案详见下表：

	数目	价格
铅笔	4	4 元
尺子	3	6 元
笔记本	1	5 元
共计	8	15 元

034 披风、毡帽和皮鞋

一个人用 140 元钱买了一件披风、一顶毡帽和一双皮鞋。披风的价格比毡帽的贵90元，披风和毡帽的总价比皮鞋贵120元。问：三件物品各自的价格是多少钱？

提示：请用心算完成此题。

【解】假设这个人只买了两双皮鞋，那么他花掉的钱就少于140元，所少的钱数相当于毡帽和披风多出来的钱数，即120元。由此，我们可以得知两双皮鞋价值140 – 120 = 20（元）。一双皮鞋的价格为10元。

140 – 10 = 130（元），这就是披风和毡帽加起来的价格。题目中提到披风的价格比毡帽的贵90元。我们继续按之前的思路推算，假设这个人买的是两顶毡帽，那么，花掉的就并非130元，而是比其少90元。因此，两顶毡帽价值130 – 90 = 40（元）。一顶毡帽的价格为20元。

140 – 10 – 20 = 110（元），这就是一件披风的价格。

035 卖鸡蛋

这是一个古老又离奇的题目，因为有人竟然卖半个鸡蛋。题目是这样的：一名农妇带着一篮鸡蛋去集市上卖，第一个人买了全部鸡蛋的一半多半个，第二个人买了余下鸡蛋的一半多半个，第三个人仅买了一个鸡蛋。至此，鸡蛋正好卖完。问：农妇的篮子里一共有多少个鸡蛋？

【解】第一个人买后余下的鸡蛋个数是：

$$2 \times （1 + 0.5）= 3（个）$$

原有鸡蛋个数：

$$2 \times （3 + 0.5）= 7（个）$$

036 水下的天平

天平的一端放着 2 千克的石块，另一端放着 2 千克的铁制砝码，天平刚好保持平衡。然而，要是把这个天平放到水下，它会是怎样的状态呢？

【解】解答本题前，我们要先了解浮力原理——浸在液体中的物体受到向上的浮力，浮力的大小等于物体排开的液体所受的重力。浮力的方向总是竖直向上的。

当石块和砝码全部浸在水中时，其受力如图 44 所示，天平受力＝重力－浮力。因为石块和砝码重量相同，而石块密度比砝码的密度小，所以其体积比砝码的大，则石块排开的水体积较大，即石块所受浮力大于砝码。这样一来，砝码受到向下的

<图44>

力就大于石块，水下的天平便无法保持平衡，会向砝码一端倾斜。

037 配件有多重

一个配件重 89.4 克，100 万个同样的配件总质量是多少吨？

【解】首先，我们要知道的是：100 万个就是 1000000 个；而 1 吨等于 1000000 克，那么，一个配件的质量为 0.0000894 吨。然后，我们就可以用一个算式计算出质量了：$0.0000894 \times 1000000 = 89.4$ 吨。

038 树脂的质量

如图 45 所示，天平的一端放着一整块树脂，另一端放着 $\frac{3}{4}$ 块相同的树脂和一个质量为 $\frac{3}{4}$ 千克的砝码。问：一整块树脂有多重？

＜图 45＞

提示：不可使用方程式，请用心算完成此题。

【解】$\frac{3}{4}$ 块相同的树脂和一个质量为 $\frac{3}{4}$ 千克的砝码与

一整块树脂的质量相等。由此可知，$\frac{1}{4}$ 块树脂重 $\frac{3}{4}$ 千克，

我们就能推算出 1 整块树脂重 $\frac{3}{4} \div \frac{1}{4} = 3$（千克）。

039 大猫和小猫

图 46-1 和图 46-2 中各有 7 只猫。图 46-1 中有 4 只

大猫和 3 只小猫，它们的总质量为 15 千克。图 46-2 中有

3 只大猫和 4 只小猫，其总质量为 13 千克。假设图中大猫

的质量相同，小猫的质量也相同。那么，一只大猫和一只

小猫分别重多少?

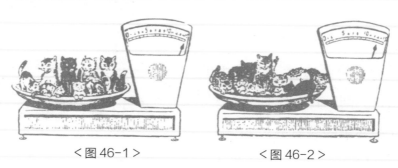

<图 46-1>　　　　　<图 46-2>

【解】根据题目可知，把一只大猫替换成一只小猫，

总质量相差 15 - 13 = 2（千克）。这说明与一只大猫的

质量相比，一只小猫要轻 2 千克。假设把图 46-1 中的 4
只大猫全部替换成小猫，即 7 只都是小猫，它们的总质量
会比之前减少 4 × 2 = 8（千克），变成 15 − 8 = 7（千克）。
另外，小猫的质量都相同，那么，一只小猫的质量为
7 ÷ 7 = 1（千克）。一只大猫比一只小猫重 2 千克，那么，
一只大猫的质量为 1 + 2 = 3（千克）。

040 杯子和瓶子的质量之谜

　　我们从图 47 可以看出：1
个瓶子的质量加上 1 个杯子的
质量等于 1 个罐子的质量；1 个
杯子的质量加上 1 个盘子的质
量等于 1 个瓶子的质量；2 个罐
子的总质量等于 3 个盘子的总
质量。问：1 个瓶子的质量等于
几个杯子的总质量？

　　【解】 本题有多种解法，这
里只讨论其中一种。

<图 47>

根据题目可知：1个罐子 = 1个瓶子 +1个杯子；1个瓶子 = 1个杯子 +1个盘子；2个罐子 = 3个盘子。从第一个和第三个条件可知：2个瓶子 +2个杯子 = 3个盘子。假如用1个杯子和1个盘子替换掉1个瓶子，根据第二个条件，就可知：4个杯子 +2个盘子 = 3个盘子。那么，结论是4个杯子 = 1个盘子。现在，再回看第二个条件即可得知：1个瓶子 = 5个杯子。

041 玻璃杯的数量

厨房里的墙壁上有一个架子，如图48所示，架子有3层，每层有大大小小若干个器皿，每层器皿的总容积相同。已知最小的器皿能容纳一只玻璃杯。问：另外两种器皿中能容纳几只玻璃杯？

【解】我们先来比较一下第一层和第三层器皿的大小。相较第一层，第三层多了一个中号器皿，却没有小号器皿。每层器皿总容积相同，由此可知，1个中号器

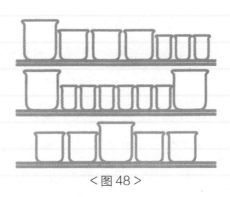

<图48>

皿的容积等于 3 个小号器皿的总容积，也就是能容纳 3 只玻璃杯。接着，将第一层的 3 个中号器皿全部换算成小号器皿，就得到 1 个大号器皿和 12 个小号器皿。然后，再用换算结果与第二层进行比较，由此可知，1 个大号器皿的容积等于 6 个小号器皿的总容积，也就是能容纳 6 只玻璃杯。

042 砝码、铁锤与砂糖

商店新进了一包 2 千克的砂糖，售货员要将它分装成 10 袋，每袋为 200 克。但店里只有 1 个重 500 克的砝码和一把重 900 克的铁锤（图 49）。

<图 49>

售货员要怎样利用现有的东西将砂糖分装成 10 袋呢？

【解】先将铁锤和砝码放在天平的两端，在砝码那端放砂糖，使天平达到平衡状态。此时,砂糖的质量为 900 克 – 500 克 = 400 克。连续称 5 次，即可得到 5 份 400 克砂糖。再将其中 1 份砂糖分成 2 份，分别放在天平的两端，调整

砂糖分量，使天平两端达到平衡状态，即可得到 2 份 200 克砂糖。将此步骤再重复 4 次，即可得到 10 袋 200 克的砂糖。

043 机智的阿基米德

古希腊著名数学家阿基米德曾遇到一桩棘手事件。当时的统治者找来一个匠人，给了他足量的黄金和白银，让他为自己打造一顶精美的王冠。王冠制成后，华美无比，统治者爱不释手。他命人称重，结果王冠的质量与之前所给金银的总质量一样。统治者十分满意。可没过几天，一个人来告发匠人贪污黄金，说他用白银替换了一部分黄金。

如何找出匠人贪污的证据呢？统治者召来阿基米德，让他在不破坏王冠的情况下，检测出里面有多少黄金和白银。几天后，机智的阿基米德证实了匠人的贪污行为。

阿基米德以黄金在水中失去自身重量的 $\frac{1}{20}$，而白银在水中失去自身重量的 $\frac{1}{10}$ 为依据，解决了这个问题。

已知统治者给了匠人 8 千克黄金和 2 千克白银，而阿基米德在水中称出的王冠质量为 9.25 千克。如果说王冠是实心的，那么你能算出匠人贪污了多少黄金吗？

【解】我们先假设王冠全部由黄金制成，它在水外重 10 千克力，在水中的重量应为

$10 - 10 × \frac{1}{20} = 9.5$（千克力）。比

实际重 $9.5 - 9.25 = 0.25$（千克力），

这是由于王冠中含有白银。

因为 1 千克白银比 1 千克黄金在水中多失重 $\frac{1}{10} × 1 -$

$\frac{1}{20} × 1 = 0.05$（千克力），据此可以算出皇冠中白银的含量为 $0.25 ÷ 0.05 = 5$（千克力）。因此，虽然统治者给的是 8 千克黄金和 2 千克白银，但匠人用 5 千克黄金和 5 千克白银制成了这顶王冠。匠人贪污了 3 千克黄金，并用相同质量的白银进行了替换。

044 天平的平衡

在一架天平的一端放上 100 千克重的铁钉，另一端放一个铁制的砝码，天平的两端达到平衡状态。将这样的天平放入水中，它还会保持平衡状态吗？

【解】两边物体的材质都是铁，因此密度一样；由题意可知，它们的质量也一样。因此，天平完全浸入水中时，

它们排开水的体积也一样，即所受浮力相等，所以天平还会保持平衡状态。

045 挂钟和闹钟

一个人的挂钟和闹钟出了点问题，第一天，他把它们的时间调准了。但挂钟每个小时会慢2分钟，闹钟则每个小时快1分钟。第二天，挂钟和闹钟都不走了。挂钟上显示的时间是7点，闹钟上显示的则是8点。问：这个人第一天是在几点调整挂钟和闹钟的？

【解】已知闹钟每小时比挂钟快3分钟，那么20个小时就会快1个小时（60分钟）。不过，20小时内，闹钟会比正确时间快20分钟。由此可知，此时正确时间为7点40分，再用7点40分向前推20个小时，这样便能得到第一天调整挂钟和闹钟的时间——11点40分。

046 古怪的答话

"要去哪里？"

"我要坐6点的火车。距离发车还剩多少分钟？"

"50 分钟前，超过 3 点的分钟数为剩下的时间的 4 倍。"

根据这个古怪的答话，你能算出现在距离发车还有多少分钟吗？

【解】首先，从 3 点到 6 点一共是 180 分钟，那么，180 − 50 = 130（分）。然后，将 130 分钟分成两部分，其中一部分为另一部分的 4 倍。这样一来，为了算出准确的时间，就要再将 130 分钟分成 5 部分：130 ÷ 5 = 26（分），由此可知，26 分钟后便是 6 点。即，现在是 5 点 34 分，距离发车还剩 26 分钟。我们来验算一下，50 分钟前距离 6 点还有 26 + 50 = 76（分），也就是说从 3 点到 50 分钟前已经过了 180 − 76 = 104（分），这个数字恰好是 26 的 4 倍。

047 3 次与 7 次

客厅的钟响了 3 次，过程用时 3 秒，那么，钟响 7 次用时多少秒呢？

【解】如果你的答案是 7 秒，那就错了。钟响 3 次意味着有 2 次间隔，两次间隔用时 3 秒，那么，一次间隔用时应为 1.5 秒。钟响 7 次意味着有 6 次间隔，那么其用时应为 $1.5 \times 6 = 9$（秒）。

048 现在几点

一个人问："现在几点？"

另一个人回答："现在钟表上的时针和分针分别在数字 6 的两侧，两者距离数字 6 的距离是一样的。"

这是几点呢？

【解】我们先假设时间是在 12 点开始。时针和分针都指向数字 12，接着，时针走远了一点儿，这段距离我们用 x 表示。这段时间里分针移动 $12x$。假使走过的时间在 1 小时以内，那么分针离一圈终点的距离与时针离一圈起点的距离相等，才能满足条件，即 $1 - 12x = x$。

由此我们可知：$13x = 1$，所以 $x = \dfrac{1}{13}$（圈）。时针走完 $\dfrac{1}{13}$ 圈用时 $\dfrac{12}{13}$ 小时，此时时间指示为 12 点 $\dfrac{720}{13}$ 分。分针所走距离是时针所走距离的 12 倍，距离数字 12 的距离是 $\dfrac{12}{13}$ 圈。两个指针到数字 12 的距离一样，因此到数字

6 的距离也一样。这样一来，我们就知道了一个满足条件的位置——在 12 点过后的第 1 个小时内出现的位置。在第 2 个小时内，还会出现一个满足条件的位置。利用以下公式，我们就能找到这个时间：

$$1 - (12x - 1) = 2 - 12x = x$$

由于 $2 = 13x$，因此，$x = \dfrac{2}{13}$（圈）。在此位置时，指针所指的时间为 1 点 $\dfrac{660}{13}$ 分。

指针第 3 次处在满足条件的位置，时针距离数字 12 为 $\dfrac{3}{13}$ 圈，时间为 2 时 $\dfrac{600}{13}$ 分……以此类推，满足条件的位置一共 11 个。6 点后，时针、分针的位置互换，即二者分别在对方之前所在的位置。

049 火车时速

坐在火车车厢里时，我们能明显感觉到车轮与铁轨那有节奏的撞击。那么，你能根据这个条件算出火车的时速吗？

【解】火车车轮会与两段铁轨的交接处产生碰撞，我们从车轮发出的某一声撞击声开始计时，只要数出 1 分钟的撞击次数，就可以估算出火车的时速。（撞击次数 –1）与铁轨长度的乘积，就是火车 1 分钟行驶的路程。假设一段铁轨长 15 米，火车时速可用如下算式得出：

$$\frac{（1分钟撞击次数-1）\times 15 \times 60}{1000} = 火车时速（千米/时）$$

050 红火车、绿火车

一红一绿两列火车同时从各自的始发站开出。它们相向而行，车速一快一慢。在它们相遇的 1 小时后，红火车到达了目的地，相遇后 2 小时 15 分绿火车也到达了目的地。问：红火车的速度是绿火车的多少倍？

【解】在两列火车相遇前，红火车和绿火车驶过的路程之比，等于二者的速度之比。二者相遇后，红火车所余路程就是绿火车此前驶过的路程。同理，绿火车所余路程就是红火车此前驶过的路程。也就是说，两车相遇后，绿火车所余路程与其之前驶过的路程之比，跟红绿两车的速度之比相等。假设两车速度之比为 x，则 $x^2 = 2\frac{1}{4}$，那么 $x = 1\frac{1}{2}$。红火车的速度是绿火车的 $1\frac{1}{2}$ 倍。

051 千变万化的暗锁

1863 年，暗锁问世。这是一种镶嵌在门窗、橱柜、抽屉等器具上的锁，只有锁孔在外，用钥匙才能锁上。世界上有很多人使用它，却很少有人了解它的构造。

图 50-1 是暗锁的正面，锁上刻的名字 "YALE" 是指它的发明人——美国人耶鲁。暗锁传入苏联后，一度被称作 "法国锁"，但这个名称是错误的，它来自美国。

<图 50-1>

观察这个锁孔，你会发现，孔外有一个圈，它就是锁轴。开锁时，我们需要转动这个轴。再来观察一下图 50-2，你就能知道，转动锁轴没有那么简单，因为它被 5 枚金属销子固定住了。每一枚金属销子被切成两部分，只有把真正对应的钥匙插入其中，才能使金属销子的切口和锁轴边缘吻合，从而转动锁轴，把锁打开。

将金属销子切成两部分的

<图 50-2>

方式有多少种，就能得到多少种不同结构的暗锁，这个数字可是相当庞大的。

下面，试着解答一下这个问题吧。问：如果每枚金属销子切成两部分的方式有 10 种，那么能够得到多少种不同结构的暗锁？

【解】一把暗锁有 5 枚金属销子，每片有 10 种切分方式，能得到 $10 \times 10 \times 10 \times 10 \times 10 = 100000$（种）不同结构的暗锁，锁厂还会配套生产出 100000 种不同样式的钥匙。这个结果令人安心。因为即使有人捡到了配套钥匙，他打开锁的概率也只有 $\frac{1}{100000}$。

以上只是我们假设的情况，事实上，制造商切割金属销子的方式远超 10 种，得到的结构种类也远超 100000 种。与十几把中就有 2 个构造重复的普通锁相比，暗锁的安全性与优越性不言而喻。

052 椴树叶

公园里有一株枝繁叶茂的老椴树。想象一下，假如它的叶子都落了，把所有叶子排成一排，中间不留任何空隙。

这排叶子的总长大约是多少？能否包围一栋民宅呢？

【解】一株老椴树一般有 20 万—30 万片叶子，我们取一个中间数，假设它有 25 万片叶子，再假设每片叶子宽度为 5 厘米，那么将所有叶子不留空隙地排成一排，总长为 250000 × 5 = 1250000（厘米）= 12.5 千米。这个长度不仅能包围一栋民宅，甚至足以包围一座小城镇。

053 100万步有多长

相信你很清楚，100 万是一个很大的数字；可你也许并不清楚，走出 100 万步有多长。下面，我们来讨论两个问题：如果你走了 100 万步，这段距离有多长？与 10 千米相比，100 万步的距离更长吗？

【解】一般一步的长度为 0.75 米，100 万步的长度就是 750 千米。这个长度可远远超过 10 千米了！

054 牛皮大小的土地

非洲北部古国迦太基流传着这样一个故事：基尔王的女儿迪多娜流亡到非洲，带着许多基尔人在非洲北岸登陆。她抵达这里后，在努米底亚王手中购得一块土地，土地仅有"牛皮大小"。交易达成后，迪多娜把牛皮剪成一条一条的，用来扩大占地面积。利用这个办法，她圈占了足够建立要塞的土地，后来在要塞上建起了城市。假设牛皮的表面积为4平方米，迪多娜剪出来的牛皮每条宽度为1毫米，那么，你能根据这些牛皮细条算出圈占土地的面积吗？

【解】假设迪多娜是用螺旋方式剪细条，牛皮面积为4平方米，即400万平方毫米，细条的宽度为1毫米，那么全部细条长度为400万毫米，即4000米，可围出正方形土地1平方千米，可围出圆形土地面积约1.3平方千米。

055 顺流与逆流

一条船顺流航行速度为20千米/时，逆流航行速度为15千米/时，这条船从甲码头到乙码头，去程比返程用时少5小时。问：两个码头之间的距离是多少？

【解】从这条船顺流和逆流航行速度可知，它顺流航行 1 千米用时 3 分钟，逆流航行 1 千米用时 4 分钟，也就是说顺流时每航行 1 千米用时少 1 分钟，而全程用时少 5 小时，即 300 分钟，这就得出了两个码头之间距离为 300 千米的结果。下面，我们可以用一个算式来验证这个结果：

$$\frac{300}{15} - \frac{300}{20} = 20 - 15 = 5（时）。$$

056 遗产怎么分

在古罗马时期，人们喜欢谈论法律，有这样一道难题广为流传：

有一对夫妻，在妻子孩子还未出生时，丈夫便死了，留下价值 3500 元的遗产。

古罗马法律规定：如果生的是男婴，那么母亲所得遗产是儿子所得遗产的一半；如果生的是女婴，那么母亲所得遗产是女儿所得遗产的 2 倍。

结果出人意料：这名遗孀生下了一儿一女，也就是我们常说的龙凤胎。

按照古罗马的法律，遗产要怎么分呢？

【解】符合法律规定的分配方式是：母亲分得 1000 元，儿子分得 2000 元，女儿分得 500 元。

057 停电时长

一天晚上，突然停电了，这是由于保险丝断了。但我有非常紧急的工作要做，在保险丝换好前，只能用两支蜡烛同时照明。

第二天，我想算出昨晚停电的时间，可我不记得几点停电、几点来电，也不记得昨晚用来照明的蜡烛的初始长度，只记得它们一样长但一支粗一支细。粗蜡烛燃烧完毕用时 5 小时，细蜡烛燃烧完毕用时 4 小时。并且，两支蜡烛原本都没用过。我想找到剩下的蜡烛头，可它们太小了，都被我的家人扔掉了。

"你们还记得两个蜡烛头有多长吗？"我问。

"长的那个是短的那个的 4 倍。"家人答道。

目前我只知道这么多。你能帮助我利用这有限的信息算出昨晚的停电时长吗？

【解】我们需要列方程式来解答这个问题。假设蜡

烛燃烧时间为 x 小时，根据题目可知，两支蜡烛原本一样长，粗蜡烛每小时燃烧 $\frac{1}{5}$，细蜡烛每小时燃烧 $\frac{1}{4}$，因此，粗蜡烛燃剩部分的长度为 $1-\frac{1}{5}x$，而细蜡烛燃剩部分的长度为 $1-\frac{1}{4}x$。最后，粗蜡烛头长度是细蜡烛头长度的 4 倍，也就是 $4\left(1-\frac{x}{4}\right)$。把这个等量关系列成方程式：$1-\frac{1}{5}x=4\left(1-\frac{x}{4}\right)$。然后解方程，得 $x=3\frac{3}{4}$（小时）。蜡烛的燃烧时间为 3 小时 45 分钟，这便是昨晚停电的时长。

058 各有几个苹果

"要是你把你的苹果给我 1 个，我的苹果数量就是你的 2 倍了。"甲同学说。

"你为什么不把你的苹果给我 1 个呢？这样我们的苹果数量就一样了。"乙同学说。

问：甲同学和乙同学各有几个苹果？

【解】如果甲把一个苹果给乙，两个人的苹果数量一样，说明乙的苹果比甲的少2个。如果乙给甲一个苹果，两人的苹果数量就相差4个，这时甲的苹果数量变成乙的2倍，也就是说此时甲有8个苹果，乙有4个。这表明甲原本有8 − 1 = 7（个）苹果，而乙原本有4 + 1 = 5（个）苹果。

我们可以用算式检验一下这个结果，假如甲给乙一个苹果，则两人苹果一样多：7 − 1 = 6（个）；5 + 1 = 6（个）。

结果无误：甲有7个苹果，乙有5个苹果。

059 兄弟姐妹

我家人口比较多。我有几个兄弟姐妹，他们中有一半是我的兄弟，另一半则是我的姐妹。不过，我每个姐妹的姐妹数量仅有兄弟数量的一半。问：我家的兄弟姐妹一共有多少人？男孩女孩各几个？

【解】我家的兄弟姐妹一共有7人，其中男孩4个，女孩3个。每个男孩有6个兄弟姐妹，其中兄弟3个、姐妹3个，两者各占一半。而每个女孩有兄弟4个，姐妹2个，刚好姐妹数量是兄弟数量的一半。

060 谁的年龄大

"请问您有几个儿女？"一名记者在街边采访时询问一位男士。

"我有一儿一女。"男士回答。

"他们今年几岁？"记者又问。

"我儿子2年后的年龄是2年前的2倍。我女儿3年后的年龄是3年前的3倍。"男士又答。

问：男士的儿子年龄大，还是女儿年龄大？

【解】男士的儿子和女儿是双胞胎，一样大，今年都是6岁。我们可以算一下：

$$\frac{6+2}{6-2} = 2; \quad \frac{6+3}{6-3} = 3$$

通过简单的计算便能得到结果。再过2年，男士的儿子8岁，比2年前（4岁）多4岁，符合他"2年后的年龄是2年前的2倍"这个条件。而男士的女儿3年前3岁，再过3年就是9岁，符合"3年后的年龄是3年前的3倍"这个条件。

061 腰带扣的售价

一条配有腰带扣的腰带售价为 68 元，腰带的单独售价比腰带扣贵 60 元。问：腰带扣的单独售价是多少？

【解】如果你的答案是 8 元，那么可以确定的是，你错了。因为这样一来，腰带比腰带扣贵 52 元，而不是题目中说的 60 元。实际上，腰带扣的单独售价应是 4 元，腰带的单独售价则是 68 − 4 = 64（元）。64 − 4 = 60（元），腰带的单独售价比腰带扣贵 60 元。

062 下了几局棋

3 个人一起下象棋，每两个人 1 局，一共下了 3 局。问：每人各下了几局棋？

【解】相信有不少人会这么回答："每人各下了 1 局象棋。"这个答案真的正确吗？显然不正确！我们可以假设这 3 个人分别为 A、B 和 C，下 3 局棋是 A 和 B 下 1 局、B 和 C 下 1 局、A 和 C 下 1 局，所以每个人应该下 2 局棋。

063 农民进城

有一名农民从乡下去城里。前半程，他打算乘火车，用时为步行的 $\frac{1}{15}$；后半程，他不能乘火车，便打算坐牛车，速度为步行的 $\frac{1}{2}$。那么，与全程步行相比，这名农民节省了多长时间？

【解】这名农民并未节省时间，反倒浪费了时间。后半段路程乘牛车用时与全程步行用时相等。他浪费的时间就是步行前半程用时的 $\frac{1}{15}$。

064 米撒的猫

米撒非常喜爱猫。他自己养了宠物猫，还收养了流浪猫。但他总担心别人不理解自己，所以不想告诉别人自己养了多少只猫。

一天，一个同学问他："你现在一共养了多少只猫？"

"没多少只，一共有所有猫的 $\frac{3}{4}$ 加上一只猫的 $\frac{3}{4}$。"米撒答道。

那么，米撒究竟养了多少只猫呢？

【解】从题目不难得知，猫的总数的 $\frac{1}{4}$ 是一只猫的 $\frac{3}{4}$，

那么，$\frac{3}{4} \times 4 = \frac{12}{4} = 3$（猫的总数），米撒一共养了 3 只猫。

事实上，$3 \times \frac{3}{4} = 2\frac{1}{4}$，这样还余下 $3 - 2\frac{1}{4} = \frac{3}{4}$（只）猫。

065 分配柴火钱

A 女士把 3 根木柴添加进了公用炉灶里；B 女士则把 5 根木柴添加了进去；一位男士没有木柴，但两位女士允许他用公用炉灶做饭。饭熟了，男士向两位女士支付了 8 元钱。那么，两位女士要怎么分这 8 元钱呢？

【解】也许有人会不假思索地回答："一人一半，也就是 4 元钱。"这可就错了！男士付的钱并非 8 根木柴的价钱。3 个人共用这个烧了 8 根木柴的炉灶，男士付的 8 元是他一个人所用的炉火钱。8 根木柴的总价为 $8 \times 3 = 24$（元），1 根木柴的价钱为 3 元。

A 女士和 B 女士该怎样分配这 8 元钱呢？A 女士的 3 根木柴价值为 $3 \times 3 = 9$（元），但是由于她也用掉了 8 元的炉火，所以她

应得 9 - 8 = 1（元）。B 女士的 5 根木柴价值 3 × 5 = 15（元），她应得 15 - 8 = 7（元）。

066 课外活动组

我们班的同学分成了 5 个课外活动组：钳工组、木匠组、摄影组、象棋组、歌舞组。钳工组每隔 1 天办 1 次活动，木匠组每隔 2 天办 1 次活动，摄影组每 4 天办 1 次活动，象棋组每 5 天办 1 次活动，歌舞组每 6 天办 1 次活动。1 月 1 日，全部活动组要在学校办第一次活动，此后的活动日期要按规定严格执行。

问题 1：本年（平年，非闰年）度，5 个活动组再一次在学校集合办活动时，第一季度（共 90 天）还有几天没过？

问题 2：第一季度的每个月份各有多少天没有任何活动组办活动？

【解】问题 1：已知办活动的频率为：钳工组每 2 天 1 次，木匠组每 3 天 1 次，摄影组每 4 天 1 次，象棋组每 5 天 1 次，歌舞组每 6 天 1 次。

2、3、4、5、6 的最小公倍数为 60，第 61 天就是 5 个组集合办活动的日子。下一次则在又一个 60 天之后。因此，第一季度只有 1 天是 5 个组集合起来活动的日子。此时，第一季度还有 30 天没过。

问题 2：你可以用一张纸自制 1—3 月的日历，然后按 5 个组的活动频率，用笔圈出各组的活动日期，最后再看看哪几天没有被圈起来：1 月份有 8 天，2 月份有 7 天，3 月份有 9 天。

067 三份火柴

几个朋友一起聚餐，餐后游戏时间，有一个人拿出一盒火柴，说："这盒火柴有 48 根。"

然后，他把火柴全部倒在桌子上，分成三份："我想请大家算算，每份有多少根火柴。"

"这要怎么算啊！"朋友们不满地说。

"给你们几个提示：如果我从第一份火柴中取出跟第二份同样数量的火柴放进第二份中，然后从第二份火柴中取出与第三份同样数量的火柴放进第三份中，最后从第三份火柴中取出与第一份同样数量的火柴放进第一份中，这

样就使三份火柴的数量一样了。现在，你们再来算算，我刚分好的三份火柴各有多少根？"

【解】这道题要从后往前推算。火柴最后一次取放后，人们面前的三份火柴数量一样，火柴总数为 48 根，那么每份火柴的数量为 48 ÷ 3 = 16（根）。

最后一次取放是"从第三份火柴中取出与第一份同样数量的火柴放进第一份中"，据此可知，在进行这次取放之前，第一份火柴的数量应为取放后的 $\frac{1}{2}$，即 $16 \times \frac{1}{2} = 8$（根），第三份火柴的数量为取放后的数目加 8，即 $16 + 8 = 24$（根）。此时，三份火柴的数量为：第一份 8 根，第二份 16 根，第三份 24 根。

第二次取放为"从第二份火柴中取出与第三份同样数量的火柴放进第三份中"，在进行此次取放前，第三份火柴的数量应为取放后的 $\frac{1}{2}$，即 $24 \times \frac{1}{2} = 12$（根）。那么，我们要在第二份火柴里加 12 根，也就是 $16 + 12 = 28$（根）。此时，三份火柴的数量为：第一份 8 根，第二份 28 根，第三份 12 根。

第一次取放为"从第一份火柴中取出跟第二份同样数量的火柴放进第二份中"，算起来相对简单得多。最初分

出的三份火柴的数量为：第一份 22 根，第二份 14 根，第三份 12 根。

068 一捆麻绳

"妈妈，给我一捆麻绳吧。"一个小男孩对妈妈说。

妈妈正忙得不可开交，忍不住责备他："你怎么又来要麻绳？昨天我不是给了你一捆吗？你把它弄丢了吗？"

"当然没有弄丢。那捆绳子，后来您自己就要走了一半，拿去做晾衣绳了！"小男孩委屈地说。

"没过一会儿，哥哥又把剩下的一半拿去捆柴火了。"

"接下来，爸爸又把剩下的一半拿去当背带了。"

"本来剩余的就很短了，姐姐又拿走 $\frac{2}{5}$ 去绑头发了。"

"那还剩下一部分，不是吗？"妈妈说。

"麻绳只剩下 30 厘米了，妈妈。什么也干不了了。"小男孩垂头丧气地说。那么，这捆麻绳最初有多长？

【解】一捆麻绳，妈妈拿走一半后还剩 $\frac{1}{2}$，哥哥拿走剩下的一半后

还剩 $\frac{1}{4}$ ，父亲用后还剩 $\frac{1}{8}$ ，最后姐姐拿走一部分，那么整捆麻绳最后只剩 $\frac{1}{8} - \frac{1}{8} \times \frac{2}{5} = \frac{1}{8} \times \frac{3}{5} = \frac{3}{40}$ ，这 $\frac{3}{40}$ 也就是最后剩下的 30 厘米。现在，我们就能算出这捆麻绳最初的长度：$30 \div \frac{3}{40} = 400$ （厘米）$= 4$ （米）。

069 基本工资是多少

上大学的哥哥在利用节假日打工。我问他一个月赚多少钱。他说："我每个月的薪水构成为基本工资加上加班工资。我的基本工资比加班工资多 1000 元。我上个月的薪水一共是 1300 元。"问：哥哥的基本工资是多少？

【解】也许很多人心中早已有了答案——1000 元。但是，基本工资是 1000 元，那么加班工资就是 300 元。这样一来，基本工资比加班工资只多 700 元，而不是 1000 元。

基本工资比加班工资多 1000 元，也就是说：加班工资 + 1000 元 = 基本工资。1300 + 1000 = 2300（元），就是基本工资的 2 倍。基本工资应为 2300 ÷ 2 = 1150（元），加班工资为 1300 – 1150 = 150（元）。

1150 − 150 = 1000（元），基本工资刚好比加班工资多 1000 元，这个答案准确无误。

070 圆圈填数

把 123、124、125 这三个数分别写在图 51 中 A、B、C 三个圆圈里，然后按下面的游戏规则修改这三个数。

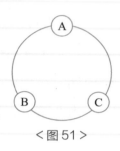

<图 51>

第一步：把 B 中的数改成 A、B 中两个数的和。

第二步：把 C 中的数改成 B 中（已改过）的数与 C 中两个数的和。

第三步：把 A 中的数改成 C 中（已改过）的数与 A 中两个数的和；再回到第一步，循环做下去。

如果在某一步做完后，A、B、C 中的三个数都变成了奇数，则停止运算。为了尽可能多算几步，124 应填在哪个小圆圈内？

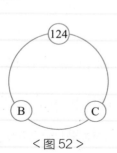

<图 52>

【解】 124 应填在小圆圈 A 内，如

图 52 所示。

根据数的奇偶性特点，若把 124 填在 A 中，每次运算后的结果分别为：偶奇奇—偶奇偶—偶奇偶—偶奇偶—偶奇奇—奇奇奇，需 6 步运算。

若把 124 填在 B 中，第一次运算后，B 中为偶 + 奇 = 奇，A、C 均为奇数，所以，运算完毕。

若把 124 填在 C 中，开始为奇奇偶，然后变为奇偶偶—奇偶偶—奇偶偶—奇奇偶—奇奇奇，需要 5 步操作。

由此可见，124 应填在小圆圈 A 内。

071 樱桃

樱桃的果肉裹着坚硬的果核。果肉的厚度与果核直径长度一致。假设樱桃和果核都呈圆形，那么樱桃果肉的体积是果核的多少倍呢？

【解】 根据题中条件可知，樱桃的直径是果核直径的 3 倍，那么樱桃的体积是果核的 $3 \times 3 \times 3 = 27$（倍）。樱桃体积的 $\frac{1}{27}$ 为果核的体积，$\frac{26}{27}$ 为果肉的体积。由此可知，樱桃果肉的体积是果核的 26 倍。

072 两口锅

有两口锅，它们一大一小，形状和厚度一样，但大锅的容积是小锅的 8 倍。

问：大锅的质量是小锅的多少倍？

【解】在几何上，两口锅为相似物体。大锅容积是小锅的 8 倍，那么其深度、直径等全部直线尺寸都应是小锅的 2 倍。大锅深度、直径是小锅的 2 倍，则表面积为小锅的 2×2 = 4（倍），因为相似物体的表面积之比与其直线尺寸之比的平方相等。当两锅厚度相同时，表面积大小决定锅的质量。由此可知，大锅的质量是小锅的 4 倍。

073 分苹果

6 个伙伴来米撒家里玩。米撒的父亲想用苹果招待他们，可是家里只剩下 5 个苹果了。他不想厚此薄彼，想让米撒的每个伙伴都能吃到一样多的苹果。他决定把苹果切开，一个苹果最多切成 3 份，再把苹果平均分给 6 个孩子。

问：米撒的父亲是怎么分苹果的呢？

【解】米撒的父亲先把其中 3 个苹果全部一分为二，

将 6 份一半的苹果平均分给 6 个孩子。再把剩下的 2 个苹果分别切成 3 份，将 6 份 $\frac{1}{3}$ 的苹果平均分给 6 个孩子。这些苹果被切开后，每个都没有超过 3 份，而且孩子们得到的苹果一样多。

074 9个连续数

先写出阿拉伯数字 1、2、3、4、5、6、7、8、9，在不改变它们顺序的情况下，只使用加减号，将其变成算式，你能使演算结果等于 100 吗？其实方法有很多种，我们仅列举其中两种：

（1）在 9 个数字里用 5 个加号和 1 个减号能得到 100：

$$12 + 3 - 4 + 5 + 67 + 8 + 9 = 100$$

（2）在 9 个数字里用 2 个加号和 2 个减号能得到 100：

$$123 + 4 - 5 + 67 - 89 = 100$$

下面，我们加大难度，如果只用 3 个加减号，你能使算式结果也等于 100 吗？

【解】虽然有一定的难度，但只要认真思考、耐心尝试，就能找到正确的方法。以下是唯一一种解法：

$$123 - 45 - 67 + 89 = 100$$

075 10个连续数

0、1、2、3、4、5、6、7、8、9，怎样使以上 10 个

数字之和等于 100 呢？请至少想出 4 种方法。

【解】4 种方法如下：

$$70 + 24\frac{9}{18} + 5\frac{3}{6} = 100$$

$$80\frac{27}{54} + 19\frac{3}{6} = 100$$

$$87 + 9\frac{4}{5} + 3\frac{12}{60} = 100$$

$$50\frac{1}{2} + 49\frac{38}{76} = 100$$

076 4个3

用 4 个 3 得到数字 12 很容易，把 4 个 3 相加就可以了。

但用 4 个 3 得到 15 和 18 就不那么容易了，不过也能得到：

$(3 + 3) + (3 \times 3) = 15$；$(3 \times 3) + (3 \times 3) = 18$。

用 4 个 3 得到 5，可以这样做：$\frac{3 + 3}{3} + 3 = 5$。

那么，如果让你用 4 个 3 得到从 1 到 10 的 10 个数字，

你会怎么解答呢？

【解】以下是得到数字 1、2、3、4、6 的方法，当然这些方法并不是唯一的。而得到从 7 到 10 这 4 个数字的方法，就需要你自行思考并解答了。

$$\frac{33}{33} = 1$$

$$\frac{3}{3} + \frac{3}{3} = 2$$

$$\frac{3 + 3 + 3}{3} = 3$$

$$\frac{3 + 3 \times 3}{3} = 4$$

$$\frac{(3 + 3) \times 3}{3} = 6$$

077 4个5

把 4 个 5 用数学符号连接起来，使所得结果为 16。

【解】 $\frac{55}{5} + 5 = 16$

078 5个3

怎样用 5 个 3 和任意数学符号求得 37 这个结果呢？

【解】方法如下：

$$33 + 3 + \frac{3}{3} = 37$$

$$\frac{333}{3 \times 3} = 37$$

079 用5个数字得到100

如何用 5 个相同数字得到 100？请至少想出 4 种方法。

【解】4 种方法如下：

$$111 - 11 = 100$$

$$33 \times 3 + \frac{3}{3} = 100$$

$$5 \times 5 \times 5 - 5 \times 5 = 100$$

$$(5 + 5 + 5 + 5) \times 5 = 100$$

080 求数字30

用 3 个 5 能很容易地得到数字 30：$5 \times 5 + 5 = 30$。但用其他 3 个相同数字求数字 30 就有一定难度了。你不妨试试，或许能找到许多方法。

【解】以下是我们所找到的 3 种方法：

$$6 \times 6 - 6 = 30$$

$$33 - 3 = 30$$

$$3^3 + 3 = 30$$

081 求数字 1000

把 8 个相同的数字用任意数学符号连接起来，得到数字 1000。怎样才能办到呢？

【解】$888 + 88 + 8 + 8 + 8 = 1000$

082 镜中的数字

19 世纪哪一年的数字，从镜中看到的是实际的 $4\frac{1}{2}$ 倍？

【解】从镜中看到的数字是经过水平翻转的，数字中只有 0、1、8 不会因此改变。所以，从镜中看到的数字一定是由它们 3 个组成的。由题目可知，这是 19 世纪的年份，因此前面两个数字是 18。综合以上条件，分析结果为 1818 年，从镜中看到的是 8181 年。我们可以用算式检验一下：

$1818 \times 4\frac{1}{2} = 8181$。1818 的 $4\frac{1}{2}$ 倍正好是 8181。

083 翻转数字

20 世纪的某一年，年份数字在垂直翻转之后，依然跟翻转前一样。这是 20 世纪的哪一年？

【解】20 世纪的 1961 年。

084 3个整数

用3个整数相加，再用它们相乘，它们的和与乘积相等。这是哪 3 个整数？

【解】这3个整数分别是1、2、3。可以用算式检验一下：

$1 + 2 + 3 = 1 \times 2 \times 3 = 6$。

085 和与积相等的数

在整数中，唯一一组两个相等的数字之和等于积的是数字2：$2 + 2 = 2 \times 2 = 4$。

不过，两个不相等的数，它们之和也有可能与积相等。

请写出几个这样的例子。有一点要注意：这样的成对数字比较多，但并不都是整数。

【解】示例如下：

$$3 + 1\frac{1}{2} = 3 \times 1\frac{1}{2} = 4\frac{1}{2}$$

$$5 + 1\frac{1}{4} = 5 \times 1\frac{1}{4} = 6\frac{1}{4}$$

$$9 + 1\frac{1}{8} = 9 \times 1\frac{1}{8} = 10\frac{1}{8}$$

$$11 + 1.1 = 11 \times 1.1 = 12.1$$

$$21 + 1\frac{1}{20} = 21 \times 1\frac{1}{20} = 22\frac{1}{20}$$

$$101 + 1.01 = 101 \times 1.01 = 102.01$$

086 非同一般的分数

$\frac{6729}{13458}$ 是一个非同一般的分数，认真观察，你会发现这个数中包含 1—9 的全部数字，而且它与 $\frac{1}{2}$ 相等。怎样用 1—9 的全部数字组成分数，并使这些分数与 $\frac{1}{3}$、$\frac{1}{4}$、$\frac{1}{5}$、$\frac{1}{6}$、$\frac{1}{7}$、$\frac{1}{8}$、$\frac{1}{9}$ 相等呢？

【解】这道题解答方法有很多，以下为一组示例：

$$\frac{1}{3} = \frac{5823}{17469}$$

$$\frac{1}{4} = \frac{3942}{15768}$$

$$\frac{1}{5} = \frac{2697}{13485}$$

$$\frac{1}{6} = \frac{2943}{17658}$$

$$\frac{1}{7} = \frac{2394}{16758}$$

$$\frac{1}{8} = \frac{3187}{25496}$$

$$\frac{1}{9} = \frac{6381}{57429}$$

087 残缺的乘式

黑板上有一道数学题，不知道被谁擦掉了大部分，现在只能看到第一排的全部数字，以及最后一排的两个数字，算式如下：

```
        2 3 5
   ×      * *
   ─────────────
      * * * *
 +  * * * *
   ─────────────
    * * 5 6 *
```

你能把这个残缺的算式补全吗?

【解】数字 6 是由算式中上下两个数字相加而得的, 因为下面的数字是某数与 5 相乘的积的个位数字, 因此它是 5 或 0。假设下面的数字是 0, 那么上面的数字就是 6。为了证实这个推理结果, 我们可以检验一下。

不论乘数的个位数字是几, 运算第一步得到的十位数的位置上不可能是 6。运算第二步得到的个位数只能是 5, 而它上面的数字就是 1。这样一来, 算式中的两个数字就补上了:

$$
\begin{array}{r}
2\,3\,5 \\
\times\ \ \ *\,* \\
\hline
\,\,1\,* \\
+\ \ *\,*\,*\,5 \\
\hline
\,\,5\,6\,* \\
\end{array}
$$

乘数个位上的数字必须大于 4, 否则运算第一步的结果就不可能是 4 位数。另外, 这个数字也不会是 5, 否则相对应的位置不会是 1, 满足条件的数字只有 6, 算式变为:

$$
\begin{array}{r}
2\,3\,5 \\
\times \quad *\,6 \\
\hline
1\,4\,1\,0 \\
+ \quad *\,*\,1\,5 \\
\hline
\,\,5\,6\,0
\end{array}
$$

继续推算，可知乘数为96，运算第二步结果为2115，总结果为22560。

088 残缺的除式

$$
\begin{array}{r}
1\,*\,* \\
3\,2\,5\,\overline{\smash{)}\,*\,2\,*\,5\,*} \\
\,\,* \\
\hline
\,0\,\,*\,* \\
\,9\,\,* \\
\hline
\,5\, \\
\,5\, \\
\hline
0
\end{array}
$$

以上是一道残缺的除式。你能把算式里面的 * 号还原成数字吗？

【解】完整除式如下：

$$
\begin{array}{r}
162 \\
325\ \overline{)52650} \\
325 \\
\hline
20150 \\
1950 \\
\hline
650 \\
650 \\
\hline
0
\end{array}
$$

089 一位数的乘数

心算，即口算。接下来，我们会讲到一些心算诀窍。希望大家能从中领会方法、掌握技巧，并且在算题时能够灵活、准确、快速地运用。

（1）乘数是个位数的乘法，比如 27×8，在进行心算时使用的方法与笔算使用的不一样。笔算时，我们是从乘数的个位数算起；但心算是从十位数算起，即 $20 \times 8 = 160$，然后才算个位数，即 $7 \times 8 = 56$，最后将两次计算结果相加，即 $160 + 56 = 216$。其他示例如下：

$$34 \times 7 = 30 \times 7 + 4 \times 7 = 210 + 28 = 238$$

$$47 \times 6 = 40 \times 6 + 7 \times 6 = 240 + 42 = 282$$

（2）把下面 11—19 的一位数乘法表背下来，将对你有很大助益。

	2	3	4	5	6	7	8	9
11	22	33	44	55	66	77	88	99
12	24	36	48	60	72	84	96	108
13	26	39	52	65	78	91	104	117
14	28	42	56	70	84	98	112	126
15	30	45	60	75	90	105	120	135
16	32	48	64	80	96	112	128	144
17	34	51	68	85	102	119	136	153
18	36	54	72	90	108	126	144	162
19	38	57	76	95	114	133	152	171

（3）要是把乘法算式中的一个乘数用因式分解成个位数，就能进一步简化计算过程。示例如下：

$$225 \times 6 = 225 \times 2 \times 3 = 450 \times 3 = 1350$$

090 两位数的乘数

（4）算式为两位数相乘时，我们应设法将其转变成便于计算的个位数乘法算式。

被乘数是一位数，就用（1）介绍的方法，把它放到乘数位置上计算。示例如下：

$$6 \times 28 = 28 \times 6 = 20 \times 6 + 8 \times 6 = 120 + 48 = 168$$

（5）要是两个乘数都是两位数，要将其中一个乘数分解，使它变成一个十位数和一个个位数。这样一来，计算会变得相当简便。示例如下：

$$29 \times 12 = 29 \times 10 + 29 \times 2 = 290 + 58 = 348$$

$$41 \times 16 = 41 \times 10 + 41 \times 6 = 410 + 246 = 656$$

（或 $41 \times 16 = 16 \times 41 = 16 \times 40 + 16 = 640 + 16 = 656$）

（6）要是两个乘数能被因式分解，变成两个个位数相乘，比如 $14 = 2 \times 7$，那么其中一个乘数就能被缩小几倍，另一乘数则能被扩大相应的几倍，方法见（3）。示例如下：

$$45 \times 14 = 45 \times 2 \times 7 = 90 \times 7 = 630$$

091 乘数、除数是 4 和 8

（7）乘数是 4，在进行心算时，要把被乘数连续两次乘以 2。示例如下：

$$112 \times 4 = 112 \times 2 \times 2 = 224 \times 2 = 448$$

$$335 \times 4 = 335 \times 2 \times 2 = 670 \times 2 = 1340$$

（8）乘数是 8，在进行心算时，要把被乘数连续乘以 2 三次。示例如下：

$$217 \times 8 = 217 \times 2 \times 2 \times 2 = 434 \times 2 \times 2 = 868 \times 2 = 1736$$

当然，还有更简单的方式：

$$217 \times 8 = 200 \times 8 + 17 \times 8 = 1600 + 136 = 1736$$

（9）除数是 4，在进行心算时，要把被除数连续两次除以 2。示例如下：

$$76 \div 4 = 76 \div 2 \div 2 = 38 \div 2 = 19$$

$$236 \div 4 = 236 \div 2 \div 2 = 118 \div 2 = 59$$

（10）除数是 8，在进行心算时，要把被除数连续除以 2 三次。示例如下：

$$464 \div 8 = 464 \div 2 \div 2 \div 2 = 232 \div 2 \div 2 = 116 \div 2 = 58$$

$$516 \div 8 = 516 \div 2 \div 2 \div 2 = 258 \div 2 \div 2 = 129 \div 2 = 64.5$$

092 乘数是 5 和 25

（11）乘数是 5，在进行心算时，要把 5 当成 $\frac{10}{2}$，也就是在被乘数后加一个 0，然后除以 2。示例如下：

$$74 \times 5 = 740 \div 2 = 370$$

$$243 \times 5 = 2430 \div 2 = 1215$$

（12）乘数是 25，在进行心算时，则要把乘数换成 $\frac{100}{4}$，也就是将被乘数除以 4，然后乘以 100。示例如下：

$$72 \times 25 = \frac{72}{4} \times 100 = 1800$$

这个方法基于 $100 \div 4 = 25$，$200 \div 4 = 50$，$300 \div 4 = 75$。倘若被乘数不能被 4 整除，那么：余数是 1 时，要在商后加上 25；余数是 2 时，要在商后加上 50；余数是 3 时，要在商后加上 75。

093 乘数是 $1\frac{1}{2}$、$1\frac{1}{4}$、$2\frac{1}{2}$、$\frac{3}{4}$

（13）乘数是 $1\frac{1}{2}$，在进行心算时，可用被乘数加上它的一半。示例如下：

$$34 \times 1\frac{1}{2} = 34 + 17 = 51$$

$$23 \times 1\frac{1}{2} = 23 + 11\frac{1}{2} = 34\frac{1}{2} \text{（或 34.5）}$$

（14）乘数是 $1\frac{1}{4}$，在进行心算时，可用被乘数加上它的 $\frac{1}{4}$。示例如下：

$$48 \times 1\frac{1}{4} = 48 + 12 = 60$$

$$58 \times 1\frac{1}{4} = 58 + 14\frac{1}{2} = 72\frac{1}{2} \text{（或 72.5）}$$

（15）乘数是 $2\frac{1}{2}$，在进行心算时，可先用被乘数乘以 2，再加上它的一半。示例如下：

$$18 \times 2\frac{1}{2} = 36 + 9 = 45$$

$$39 \times 2\frac{1}{2} = 78 + 19\frac{1}{2} = 97\frac{1}{2} \text{（或 97.5）}$$

还有一种方法，即先用被乘数乘以 5，然后除以 2。示例如下：

$$18 \times 2\frac{1}{2} = 90 \div 2 = 45$$

（16）乘数是 $\frac{3}{4}$，在进行心算时，先用被乘数乘以 $1\frac{1}{2}$，然后除以 2。示例如下：

$$30 \times \frac{3}{4} = \frac{(30+15)}{2} = 22\frac{1}{2} \ (\text{或} 22.5)$$

方法不只以上一种，还有一种：用被乘数减去它的

$\frac{1}{4}$，抑或用被乘数除以 2，然后加上它一半的一半。

094 乘数是9和11

（17）乘数是 9，在进行心算时，需用被乘数乘以

10，然后减去被乘数。示例如下：

$$62 \times 9 = 62 \times 10 - 62 = 620 - 62 = 558$$

$$73 \times 9 = 73 \times 10 - 73 = 730 - 73 = 657$$

（18）乘数是 11，在进行心算时，需用被乘数乘以

10，然后加上被乘数。示例如下：

$$87 \times 11 = 87 \times 10 + 87 = 870 + 87 = 957$$

095 乘数是15、75、125

（19）乘数是 15，由于 $15 = 10 \times 1\frac{1}{2}$，因此在进行心算

时，需把乘数 15 换成 $10 \times 1\frac{1}{2}$。示例如下：

$$18 \times 15 = 18 \times 10 \times 1\frac{1}{2} = 180 \times 1\frac{1}{2} = 270$$

$$45 \times 15 = 45 \times 10 \times 1\frac{1}{2} = 450 + 225 = 675$$

（20）乘数是 75，由于 $75 = 100 \times \frac{3}{4}$，因此在进行心算时，需把乘数 75 换成 $100 \times \frac{3}{4}$。示例如下：

$$18 \times 75 = 18 \times 100 \times \frac{3}{4} = 1800 \times \frac{3}{4} = \frac{1800 + 900}{2} = 1350$$

（21）乘数是 125，由于 $125 = 100 \times 1\frac{1}{4}$，因此在进行心算时，需把乘数 125 换成 $100 \times 1\frac{1}{4}$。示例如下：

$$26 \times 125 = 26 \times 100 \times 1\frac{1}{4} = 2600 + 650 = 3250$$

$$47 \times 125 = 47 \times 100 \times 1\frac{1}{4} = 4700 + \frac{4700}{4} = 4700 + 1175 = 5875$$

有一点需要注意：此处若用（6）中介绍的方法能简化计算过程。示例如下：

$$18 \times 15 = 18 \times 5 \times 3 = 90 \times 3 = 270$$

$$26 \times 125 = 26 \times 5 \times 25 = 130 \times 25 = 3250$$

096 除数是 5、$1\frac{1}{2}$、15

（22）除数是 5，在进行心算时，需用被除数乘以 2，然后除以 10。示例如下：

$$68 \div 5 = 68 \times 2 \div 10 = 136 \div 10 = 13.6$$

$$237 \div 5 = 237 \times 2 \div 10 = 474 \div 10 = 47.4$$

（23）除数是 $1\frac{1}{2}$，在进行心算时，需用被除数乘以2，然后除以3。示例如下：

$$36 \div 1\frac{1}{2} = 36 \times 2 \div 3 = 72 \div 3 = 24$$

（24）除数是 15，在进行心算时，需用被除数乘以2，然后除以30。示例如下：

$$240 \div 15 = 240 \times 2 \div 30 = 480 \div 30 = 48 \div 3 = 16$$

$$462 \div 15 = 462 \times 2 \div 30 = 924 \div 30 = 30\frac{24}{30} = 30\frac{4}{5} = 30.8$$

097 4个1

4个1所能得到的最大数字是多少？

【解】很多人给出的答案是 1111，这个答案比所能得到的最大数小太多了。4个1所能得到的最大数是 11^{11}，也就是 285311670611。

098 棋盘上的正方形

国际象棋的棋盘上有多少个不同的正方形呢？

【解】也许有人会想当然地回答："64个。"这是因为国际象棋棋盘上的单个的小正方形一共有64个。不过，棋盘上不只有它们，还有由4、9、16、25、36、49及64个单个小正方形组成的大正方形。总数如下：

正方形种类	数量
单个的	64
由 4 个单个小正方形组成的	49
由 9 个单个小正方形组成的	36
由 16 个单个小正方形组成的	25
由 25 个单个小正方形组成的	16
由 36 个单个小正方形组成的	9
由 49 个单个小正方形组成的	4
由 64 个单个小正方形组成的	1
总计	204

099 远行的蜜蜂

一只蜜蜂去很远的郊外采蜜。它从蜂巢出来后，一直

向南飞，经过了一条小河。就这样飞了一个小时后，它来到一座山的斜坡处，在这里的花丛中采了半小时蜜。随后，它要赶往一个新发现的花园。花园在斜坡西侧。过了 $\frac{3}{4}$ 小时，忙忙碌碌的它到达花园。用 $1\frac{1}{2}$ 小时，它在这里的花丛中采够了花蜜。最后，它累了，需要尽快回家休息，得抄最近的路飞回蜂巢。这只蜜蜂在外面一共待了多长时间？

【解】由于题目中并未给出蜜蜂从花园飞回蜂巢的时间，这就为解题增加了难度。不过，我们可以用几何作图法来计算出这个时间。

我们先想办法画出蜜蜂的飞行路线。如图 53 所示，蜜蜂刚离巢时，一直向南飞；飞了 60 分钟后，它向西飞了 45 分钟，也就是沿直角拐弯再向前飞；后来抄最近的路回巢，也就是直线路线。这样我们就得到了一个直角三角形的路线图，已知的是两条直角边 AB 和 BC，需要确定的是第三条边（斜边）AC。

倘若其中一条直角边是一个数的 3 倍，另一条直角边是 4 倍，那么第三条边（斜边）刚好是 5 倍。

举例来说，倘若三角形的两条直角边分别为 3 米、4 米，那么第三条边（斜边）刚好是 5 米；倘若两条直角边分别为 9 千米、12 千米，那么第三条边刚好是 15 千米……依此类推。

题目中，一条直角边的路程为 3×15，另一条边的路程就是 4×15，第三条边（斜边）AC 的路程则为 5×15。由此可知，蜜蜂从花园飞回蜂巢用时 75 分钟，也就是 $1\frac{1}{4}$ 小时。

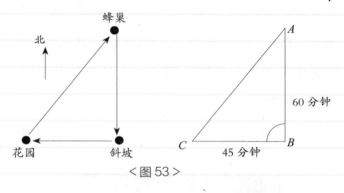

<图 53>

这样一来，我们就知道蜜蜂在外飞行的时间了：$1 + \frac{3}{4} +$ $1\frac{1}{4} = 3$（小时）。蜜蜂采蜜的时间为 $\frac{1}{2} + 1\frac{1}{2} = 2$（小时）。

蜜蜂在外面一共待了 5 小时。

100 六棱铅笔有几个面

这个问题乍一看有点好笑。但如果你想也不想就回

答："有 6 个面！"那你就"中计"了。请你仔细思考一下，再来回答这个问题吧。

【解】一支全新的六棱铅笔一共有 8 个面：除了 6 个侧面，两端还各有一个面。如果是被人削过的六棱铅笔，那么它还会有更多面。很多时候，我们会习惯性遗忘其他面，只记得数侧面。

就像我们常说的"三棱镜"，它更准确的名称应该是"三角棱镜"。真正的"三棱镜"，也就是一共三个面的棱镜，现实生活中并不存在。综上所述，六棱铅笔的准确名称应该是"六角铅笔"。

101 神奇的塞子 1

有这样一块木板（图 54），板子上有正方形、三角形和圆形三个孔洞。你能找到一个堵住上述所有孔洞的塞子吗？

< 图 54 >

【解】如图 55 所示，这个塞子能堵住木板上的所有孔洞。

<图 55>

102 神奇的塞子 2

这也是一块有 3 个孔洞的木板（图 56）。这次你还能找出一个能堵住所有孔洞的塞子吗？

<图 56>

【解】答案见图 57。

<图 57>

103 立方体与天平

如图 58 所示，有 4 个大小不同的立方体，它们用同样的材料制作而成。它们的高度分别是6厘米、8 厘米、10 厘米和 12 厘米。如果把它们放在天平两端，那么怎样放才能使天平保持平衡呢？

<图 58>

【解】在天平一端放最大的立方体，另一端放其他 3 个小的。$6^3 + 8^3 + 10^3 = 12^3$，也就是 216 + 512 + 1000 =

1728，这个等式表明，3 个小立方体的总体积与最大立方体的体积相同。那么，天平两端的质量相同，天平保持平衡。

104 半桶水

用一个没有盖的桶装水，水大概装到一半时，在手边没有任何测量器具的情况下，你怎样才能知道，桶里的水是否正好是一半呢？

【解】将桶倾斜，待水到桶边时，如果还能看到桶底，那么水就没到一半。如果水面高于桶底，那么水就多于一半。如果水面刚好与桶底上沿齐平，那么水正好是一半。

105 砂糖和方糖

一杯砂糖和一杯方糖，哪个重？

【解】假设一块方糖的宽度是一粒砂糖的宽度的 100 倍，然后将全部砂糖及容纳它们的杯子一起扩大 100 倍，杯子容积则扩充 $100 \times 100 \times 100 = 1000000$（倍）$= 100$ 万倍。与此同时，杯子容纳的砂糖的质量也扩大了同样的倍数。这样一来，如果倒出巨大杯子的百万分之一，也就是一杯正常容量的放大后的砂糖。这放大后的砂糖，就是方糖。也就是说，一杯方糖的质量与一杯砂糖的质量一样。解题的核心是，要把每块方糖看成每粒砂糖的相似形，且分布方式一致。

106 11颗板栗

这是一个需要两个人参加的小游戏。在桌上放11颗板栗（或者同样数量的其他物品）。第一个人可以随心所欲地取1颗、2颗或3颗。接着，第二个人也可以取1颗、2颗或3颗。接下来，再让第一个人拿。就这样，两人轮流拿取。但一次最多不能取走超过3颗。拿走最后1颗板栗的人输掉游戏。如果其中一个人是你，你会怎么玩，以保证自己稳赢呢？

【解】假如先取板栗的人是你，你就取2颗板栗，留9颗。然后，不管另一个人再取几颗，你下一次取后，一定要让桌上留有5颗板栗。这样一来，不管另一个人又取走多少颗，你只给他留1颗板栗就稳赢了。不过，如果是另一个人先取，那就要看他是否知道这个诀窍了。